〈エンジェルタイム〉

〈笑顔の花〉

〈誕生日〉

〈小さなキミ〉

三年六ヶ月の愛

結絆ハルカ
YUKI Haruka

文芸社

まえがき

はじめまして。

この本をお手に取っていただき、ありがとうございます。

あなたは猫はお好きですか？

猫と暮らしている、または暮らした事がありますか？

私はもともと犬派でした。突如現れた一匹の仔猫に出逢うまでは……。

愛に飢えた幼少期を経て大人になった私が、猫に癒された日々。しかしそれは長くは続かず、深いペットロスの沼に堕ちました。

幸せな日々と深い悲しみ、立ち直るきっかけと夢。それらは愛猫ハッピーから受け取った、目には見えない大きな贈り物でした。

ペットロスのみならず、別れの悲しみは色々あります。愛猫《ハッピー》との別れのつらさを知った私だからこそ、苦しみや悲しみはよくわかります。その感情に蓋をする必要はありません。それらを抱える方の心が、少しでも穏やかになってもらえたら……。そんな想いでこの作品を書きました。おひとりでも多くの方の心に届きますように。

もしもあなたが悲しみを抱えているのなら、一緒に乗り越えていきましょう。

もくじ

本文及び口絵写真・イラスト　結絆　ハルカ

三年六ヶ月の愛

私は一歳になる前に大病を患った。意識不明の十日間。

それから長い入院生活と、二十歳までの闘病生活が始まった。物心つく頃には、白衣を着た大人たちとパジャマ姿の環境が当たり前。

親の愛が欲しい頃。離れ離れの毎日で、日々入れ替わる看護師が病棟みんなの親代わり。

周りはみんな、病を抱える子供たち。病室を走ることも叫ぶこともなく、静かに過ごす日々。子供らしくない、といえばそうだった。


大人たちは「今日はしない」と言いながら、嫌がる私を押さえつけ、腕に針刺し検査した。何度となく繰り返されるうちに、自分の意見は通らないんだと幼心《おさなごころ》に理解した。痛い検査は泣きながらも受けてきた。受けざるを得ない環境だと、逃げても無駄だと諦めた。

そんな中で記憶に残るのは、ぬりえやお絵描きだった。よく自由帳に絵を描き、ぬりえに色をつけて楽しんだ。

私は色を塗るのが上手だった。はみ出さないように塗る術を、いつの間にか身につけていた。

それを見た看護師さんが褒めてくれて嬉しかった。

ピンクと水色と黄緑色、その三色が好きだった。ぬりえに描かれた女の子のドレスは、その三色が必ず入っていた。ぬりえの中の女の子はいつも笑っていた。その女の子の足元には、青々としげる草をいつも描き足していた。

(外に出たい)

そんな深層心理が働いていたのだろう。

小児病棟では三時におやつタイムがあった。午後一時から三時までは、強制的にお昼寝タイムがあり、それが終わるとお待ちかねのおやつタイムがやってきた。

入院していた小児病棟は、食事をする時はプレールームという広間に集まって一斉に取っていた。自分のネームプレートの置かれたおやつの前に座り、全員で「いただきます」をして食べた。

病気の症状によりおやつの質が変わる。当然おやつの交換は禁止だ。私の病は食事療法が重要だったため、どちらかといえば子供にとっては地味なおやつばかりだった。マリービスケット二枚とお茶。べっこう飴二個の日もあった。

おやつの中で一番苦手だったのは、オブラートで包まれたちょっと堅めのゼリー菓子だ。これも二個。苦手ながら、残すことはなかった。病棟で出される物以外は、一切口にできなかったからだ。これを逃すと、夕飯まで何も口に入れられない。たとえ苦手でも食べる選択肢しかなかった。

ジュースは飲んだことがなかった。それが甘い匂いのする飲み物ということは知っていた。なぜなら、隣に座る別の病の子にはジュースがついていたからだ。全員のお茶やジュースは同じコップに入っていたが、匂いでわかる。ほんのりと甘い匂いが隣から漂ってきて、羨ましかった。だが、ジュースを飲んだことがなかったために、その旨みを知らなかったのは救いだった。

おやつよりも楽しみにしていたことがあった。それは週に三日だけの面会時間だった。(火)、(木)、(日) 三時間だけの面会時間だったが、いつもいつも待ち遠しかった。母と会えた時は嬉しくて、けれど素直に喜べなくて……。つい、拗ねてみたりした。電話を使うことができなかったために、必要な物は紙に書いて面会に来る母に渡した。次の面会でそれが届くことも楽しみだった。ぬりえ以外にも、歯みがき粉など身の回りの物も、なくなる前に紙に書く。先読みする習慣が小学校入学前から身についていた。大好きなぬりえは母が選んで買ってくるのだが、私の好みをわかっていて女の子の絵のものが多かった。

あっという間の三時間。別れの時はいつもつらかった。

小児病棟の患者だけは病棟から出ることは禁じられていた。そのため、出入り口のガラスドアのギリギリのところに立って、エレベーターに乗り込む母を見送った。エレベーターに吸い込まれていく母を見るたびに胸が苦しくなった。置いていかれる淋しさが込み上げた。母についていって、そのまま帰りたいといつも思っていた。

それから急いで駐車場が見える大きな窓へと移動した。しばらくすると、表玄関から出てくる母を見つけ、手を振った。母も七階の窓から手を振る私を知っていたから、何度も振り返りながら手を振ってくれた。

きっと母も同じ思いだったのだろう。小さな我が子を病棟に残して帰る気持ちは、今なら痛いほどわかる。

窓に頬をくっつけて、遠ざかる母の車を目で追った。木々が車を隠してしまい、見えなくなっても見続けた。方角も、帰り道さえもわからない。迷路のように見えた道を、目線で何度も辿りながら……。

「きっと、あの先に家があるんだ……」と、眺めてはまた、次の面会を待ち侘びた。

私はいつも愛に飢えた子供だった。

いつも見ていてほしかった。

いつも一緒にいたかった。

それが叶わぬことなんだと、幼心にわかってた。

「帰りたい」

そう言えば、母が困るのはわかってた。
だから言わなかった。
自分が病気なのが悪い。
それが全てだと思ってた。

口に出せない感情は、頬を伝って溢れ出た。その都度、溢れる感情を氷の小部屋に閉じ込めた。そうすることで自分を保っていた。感情に気づかず過ごすために、そうするしか自分を慰められなかった。それらは心の片隅に、大人になっても潜んでいて。満たされたい気持ちは、常にあった。

そんな私の前に、キミは突然現れた。
二〇一七年七月一日。初めて出会ったキミは、この世に生まれて数ヶ月の仔猫だった。野良猫の姿は全く見ない地域。真夏の照りつける陽射しの中、キミだけがポツンと道路の真ん中にうずくまっていた。目の前に現れた小さな命は弱々しく、今にも消えてしまいそうで、思わず手を差し伸べた。両手に伝わる柔らかな感触。浮いているかと思うほどに軽い身体。そして羽根のようにフワフワの白い毛。宝石のように澄んだ青い瞳。私の前に現れたキミは、小さな天使そのものだった。

母猫のいないこのコに、たくさんの幸せが訪れるようにと願いを込めて「ハッピー」と名前を付けた。その頃、我が家には八歳になるラブラドールが暮らしていた。名前は「ラブ」。突然のことにラブは戸惑っていたが、仕方なく受け入れてくれた。こうして初めての猫との暮らしが始まった。

朝、「早く出せー」という、ケージからの催促の声でキミとの一日が始まる。家中のカーテンを開けてからキミの待つケージへ向かう。この瞬間が一番緊張感があった。ケージ内で嘔吐していることがよくあったからだ。保護した時から吐くことが多かったために、一緒に寝ることはしなかった。それに、ラブもケージで寝ていたので、一緒に寝るという考えは元々なかった。

ケージ内を片づけている時は、離れた所で申し訳なさそうに私を見ていた。

「気にしないでいいよ」

そう声をかけるのも日課になっていた。片づけ終わると私と共にキッチンへ行く。ご飯の催促をするためだ。

キャットタワーで朝食を取るキミ。それを横目に、私も朝食を取る。

キミは食べ終わると、必ず私の膝に乗り、食卓の朝食をクンクンとチェックしていた。

こんなに首が伸びるのかと感心するほどだった。

食器洗いの時は、キミはソファでうたた寝タイム。陽射しが差し込む時間になると、そこへ移動して気持ちよさそうにお昼寝するのが日課だった。

家事が終わり、コーヒータイム。広告を見ながら夕飯のメニューを考える。するとキミはトコトコと寄ってきて、考えている私のことなどお構いなしといわんばかりに膝に乗る。今日のコーヒーのお供が気になるのか、またクンクン。時にはそろりと手を伸ばしてくる。

「だめだよ」

注意されてシュンとして、膝の上で丸くなる。

お利口な一面がある一方で、いろいろとやらかしてくれた。数ヶ月間の外猫時代に母猫から餌の探し方を教わっていたのだろう。ごみ箱や排水溝は、定番の犯行現場だ。

大抵、私が外出中に事件は起こっていた。なので出掛ける時はケージに入れていた。それでもほぼ毎日、キミと私のゴミを巡る攻防戦は繰り広げられていた。

おでん鍋を狙われたあの時は、私の完敗だった。

あの日……。キミはスヤスヤと眠っていた。ラブの散歩タイムが近づく夕方、こんなに気持ちよさそうに寝ているところを起こしてまでケージに入れるのは忍びない。

「このままにしておいてあげよう」

この優しさが仇となったのはいうまでもない。

おでんは前夜の残りということもあり、それほど残ってはいなかった。夕飯の一品として出そうと思い、鍋をコンロの上に置いていた。明らかに危険な状態だ。

だが、そう易々とやられてばかりはいない。

ハッピーに開けられるのを阻止するために、太い輪ゴムを取り出し、蓋が開かないようにそれで固定をした。

(これならキミの力では開けられまい! ふっふっふ〜。これで勝ったも同然!!)

勝利を確信した私は握り拳を天に掲《かか》げ、意気揚々とラブの散歩に出かけたのだった。

帰宅すると、玄関で迎えてくれるはずのキミがいない。駆け寄ってもこない。

嫌な予感……。あの完璧なまでの策を突破したとでも?

散歩から帰ると、普段はゆっくりと部屋に入るラブが、この時ばかりは一目散にキッチンへと姿を消した。

(やばい!!)

ラブの動きを見て、動物的勘が働く。

鼻が利く犬が真っ先にキッチンへ向かう。それは〝おいしい状態〟にあるということ。

遅れをとりながらキッチンの最終コーナーを曲がった。

「ぎゃーーーーー!!」

私の目に飛び込んできたのは、おでんの変わり果てた姿だった。

辺り一面おでんの具と汁が飛び散り、目を覆いたくなるほどの悲惨な事件現場と化していた。

そして、二匹は並んでおでんを食べている……。ここは屋台のおでん屋か？　一日の仕事を終え、帰宅前のわずかな自分時間を愉しむサラリーマン。哀愁漂う背中の二人……。

「玉子と竹輪ちょうだい」

「こっちは大根とはんぺんね」

そんな会話が聞こえてきそうな光景だった。


キミは私の策を突破したのだ。

〝開かぬなら　落として開けよう　おでん鍋〟

絶壁にジリジリと追い詰められた鍋。

恐怖のあまり、声も出せなかったのだろう。

おでんを必死に守りながらも、鍋は輪ゴムと共に白い手によって崖下に突き落とされた。

誰も助けの来ない静まり返ったキッチンに、鍋の悲鳴だけが響き渡った……。

ガシャーーーン！

悔しそうにひっくり返ったままの鍋。虚ろな眼差しで天を仰ぐ蓋。

私の足元には、必死で抵抗していたであろう輪ゴムがうなだれていた。

（夕飯の足しにしようと思っていたのに……。泣きたい。完敗だ）

ふと見ると、まだ息のある鍋たち。

急いで駆け寄り頸動脈に指をあてた。

（脈がある!!）

崖下に敷かれたキッチンマットが不幸中の幸い。落ちた衝撃で意識を失っていただけだった。必死に頑張ってくれたみんなを抱き寄せ、無事を喜んだ。

その後、二匹は現行犯逮捕。ケージに収容。噛み砕かれたおでんのクズを拾い、何度も雑巾掛けをした。

ふと冷蔵庫の下を見ると、一人、息を潜めて隠れていたコンニャクを見つけた。

「怖かったよ……。仲間がみんな食べられちゃったよぉ……」

そんな半泣きの声が聞こえてきそうなほど、コンニャクは私の手の中でプルプルと震えていた。

冬の日暮れは駆け足で、事件現場を静かに闇が包んでいった。残ったコンニャクと私の悲しい物語は幕を閉じた。

キミはいつだって、私の上を行く策士だ。

犬と違って、キミのその手は驚くほど滑らかに、器用に動く。だから人のように物を引き寄せたり、掴んだりできた。

猫あるあるの代表例として「フミフミ」がある。毛布などの柔らかい素材の上や、私の膝の上でよく見られた。手指を開いたかと思えば、ぎゅっと閉じる。それを左右交互に気が済むまで繰り返す。母猫のお乳を吸う時にやる仕草らしい。

(なんなんだ、この動きは！　かわいすぎるぞ!!)

一瞬でハートをわし掴みにされた。

そんなかわいい手を使って、引き出しを開けるのも上手だった。おやつの入っている引き出しは、いつも餌食になっていた。

音もなく引き出しの前に近づきスタンバイ。私が部屋から出たことを確認すると犯行に及んだ。開けた引き出しからおやつを引っ張り出すのだ。私がドアの隙間から見ていると も知らずに。キミの姿に七歳の私が蘇る。入退院を繰り返し、学校にもほとんど通えず、自宅療養していたあの頃。親の目を盗んでイチゴジャムを食べたことがあった。厳しい食事制限の中、ジャムは唯一知る甘味だった。こっそり冷蔵庫の前に近づきスタンバイ。親がいないことを確認すると犯行に及んだ。冷蔵庫からジャムを取り出し、スプーンですくって頬張った。おいしくて夢中で食べた。親に見つかり叱られても、チャンスを見つけて何度も試みた。叱られてもめげずにおやつを狙うキミに、幼い私の面影を重ねて見ていたんだよ。

私が病に寝込んでいたある日。

起き上がることができず、何日も寝て過ごしていた。その時もキミは常にそばにいた。枕を半分以上取られて寝にくかったり、首の上におしりを乗せてきて苦しかったり、胸の上で丸くなってキミはそのまま寝てしまい、おかげで寝返りが打てず背中が痛くなったりしたけれど、ずっと一緒にいてくれて嬉しかったんだ。

なかなか回復できず、自分の不甲斐なさに泣いたことがあった。その時、キミは私をじっと見つめ、思いっきり手を噛んできた。泣き止むまで、何度も噛んできた。痛かった。

「泣くな！」って、叱っていたんだよね。

私は優しく寄り添ってくれるのを期待してたから、予想外の展開にすぐに涙は止まった。厳しさの中にキミの優しさを感じた瞬間だった。

病が治るまで私のそばにいてくれた。キミといられて、幸せだったんだよ。

いつもの午後のひととき、ソファで横になると、いつもどこからともなく駆け寄ってきて、私のそばで眠ったキミ。その身体は温かくて、小さな鼓動を感じながらまったりする時間は幸せだった。

〝ちゅーる〟に心を奪われた時も、食べ終わるとすぐに私のそばに戻ってきて愛と癒しを与えてくれた。

かわいいキミとの毎日が、少しずつ氷の小部屋を溶かしてくれた。

愛してる達成感
愛されてる幸福感
信頼されてる安心感

一番望んでいた願いをキミは叶えてくれた。
本当の幸せだった。

いつしかキミなしの生活は考えられなくなっていた。
キミがいることが、当たり前になっていた。
この幸せがこの先も続くと……疑わなかった。

三歳になって間もなく、キミは病気になった。原因不明の病『猫消化管好酸球性硬化性線維増殖症（GESF）』を発症した。ハッピーの場合、胃の出口（幽門）に腫瘤ができ、出口を塞ぐ幽門狭窄を起こしたのだった。一刻を争う容態に、助かる道は手術のみ。手術はすぐに行われ、奇跡的に危機を乗り越えてくれた。

しかしその五ヶ月後、細菌性腹膜炎を発症した。命の危機が迫る中、緊急手術を受け再び奇跡は起こった。喜ぶ反面、キミを失う恐怖心が常に付きまとうようになっていった。不安を抱える日々も、キミと過ごせることに幸せを感じていた。キミがいてくれるなら、それだけで私は幸せだったんだ。

けれど不安は的中した。今度はGESFが再び牙を剥いた。またもや幽門狭窄を起こしたのだ。二度目の手術からわずか二ヶ月後のことだった。

キミは八ヶ月の間に、痛い思いを三度も頑張ってくれた。それなのに術後二日目に異変は起きた。面会の度に元気を失っていくキミ。それでも奇跡を信じ回復を願った。

あの日……。病院から電話が入ったあの時だって、奇跡を願って病院へ向かったんだ。だってキミは二度も奇跡の復活をしてくれたから。三度目だって、奇跡は起こると願っていたんだ。

病院でキミを目にした瞬間に、全ての色も音も願いも希望もかき消えた。

ステンレス製の処置台の上で、さまざまな機材に繋がって横たわるキミの姿がそこにはあった。心肺停止からかろうじて生かされている状態だった。瞳孔は開き、乾燥が進み始めたその瞳は、輝きも瞼を閉じる力さえも失っていた。嗚咽の合間で微かな声を絞り出し、何度もキミの名前を呼んだ。すると聴こえたのか、私の声のする方へ瞳をゆっくりと動かし始めた。まるで最期の力を振り絞るかのように。ほんの一瞬だけ私と視線を合わせてくれた。すぐに視線は外れ、それから二度と動くことはなかった。キミは私が迎えに来るまで、痛みと苦しみに耐えながら待っていてくれた。

「これ以上、できる治療はありません」

獣医師の言葉は、死を意味するものだった。人工呼吸器のチューブを咥える小さな口は、時折苦しそうにパクパクと動く。迎えに来るまでの繋ぎの処置でしかなかった。機材を外せば間もなく確実に命は尽きる。それでもこのまま硬い処置台の上で最期を迎えさせたくはなかった。まだ息のあるうちに、外へ出してあげたかった。車に乗せてあげたかった。家に連れて帰りたかった。何よりこの両腕で抱きしめたかった。

その日は凍てつく寒さを忘れるほどの冬日和だった。

身体をバスタオルで包まれたハッピーを受け取り、そっと抱き寄せた。ほんのりとキミの温もりが伝わる。ガリガリに痩せてしまい、バスタオルの上からでも骨の感触がわかる身体、艶を失い吐瀉物で汚れた白いはずの身体。

やっと出してあげられた。

こんなになるまで出してあげられなかった。

元気になって退院するはずだったのに……。

「ごめんね」

フロントガラスからお日さまの光が腕の中のハッピーに降り注いだ。暗い病室ではあり得なかった暖かい日差し。包んでいたバスタオルを外して、その日差しを身体中にあてた。するとき白い身体が光を放つかのように輝き、車内を明るく照らした。

「お家へ帰ろうね」

車が動き出すとともにキミの手を握りながら、ゆっくりと語りかけた。するとキミは頷くように大きく頭を動かした。その瞬間、目の前からいなくなってしまったとわかった。

それがキミからの
「サヨナラ」のメッセージだったから。

二〇二一年一月十八日
この世に生まれて三年九ヶ月の小さな命は、暖かい日差しに導かれるようにお空へと旅立っていった。

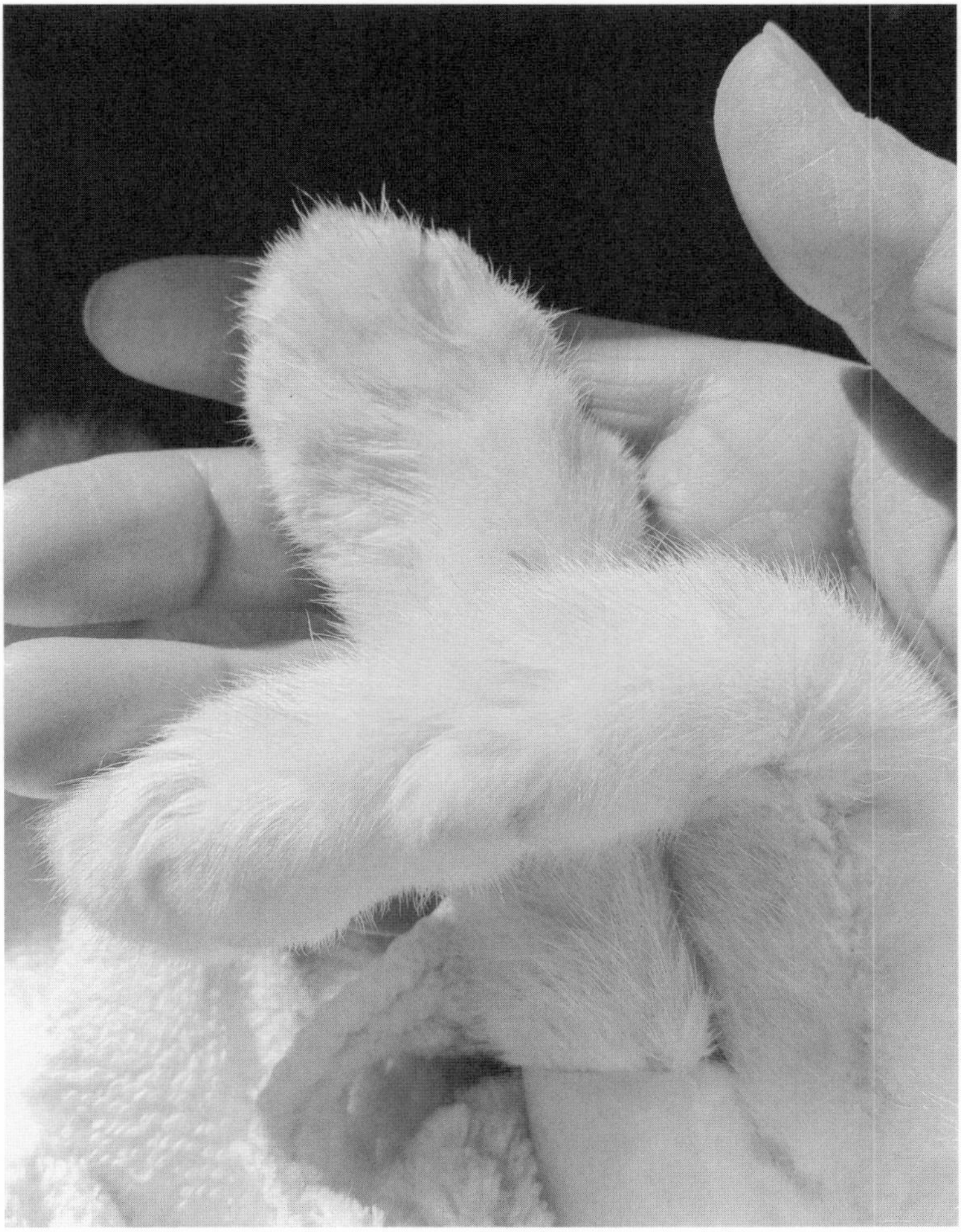

キミがお空へ引っ越して、また私の心はひとりぼっちになった。

どれだけ泣いただろう。

手術を受けさせたことを、何度後悔しただろう。

まさかいなくなるなんて。症状を改善させる手術で命を落とすことなど、全く考えていなかった。いつでも退院できるように、車には術後に着る服を準備して面会へ行っていた。

退院したら今度こそ、ずっと一緒にいられると思っていた。だから手作りのおもちゃも用意していた。お布団は干してフカフカにしていた。ご飯だって腸に流れやすいようにと粉末に砕いていた。何よりこの腕でギュッと抱きしめて、頬擦りして、一緒にお昼寝して、おやつを食べて、また幸せを感じられる毎日が送れると思っていた。

思っていたのに……。

声が聴きたい。動く姿が見たい。

青く透き通る瞳も小さな手も、ピンと伸びた尻尾も見たい。

また膝に乗ってよ。

抱っこさせてよ。

温もりを感じたいよ。

爪で引っ掻かれてもいい！

噛まれたっていい!!

「だから帰ってきてよ!　お願いだから……」

いくら泣いても願っても、キミのいない朝はやってきた。悲しみはそのうち怒りに変わり、なぜ助けられなかったのかと、治療さえも恨んでいった。その怒りはやがてひとりぼっちの虚しさへと変わった。幼少期に嫌というほど味わった『置いていかれる淋しさ』に似ていた。

キミは私にとって子供であり、親友であり、癒しであり、恋人だった。ただの猫という括りでは収まりきらない感情で溢れていた。

時は流れてゆくのに、私はいつまでもあの日のまま。家中見回しても手術したあの日のままで、キミだけがいない。

何をしてももう帰ってこないんだと、思い知らされ、また泣いた。

捨て場のない感情を抱えたまま漠然と日々を送る中で、キミへの想いが溢れ言葉を紡ぐ。

一番してもらいたかったことは……

いつも想ってた
キミが言葉を話せたらって

その全てを聴くことができたなら
私はそれらを叶えられたはず

安心したような顔で
天国へと旅立った最期の瞬間

キミが一番してもらいたかったことは
点滴でも検査でも、手術でもなく

抱っこしてもらいたかったんだね

病院の暗い場所ではなく
家族の笑顔が見える家で
みんなの声が聞こえる家で

もっといっぱい抱っこしてあげたかったな
叶えられなくて　ごめんね

エンジェルタイム

天国へと旅立つ前の最期の時間
それをエンジェルタイムというそうです

最期の時には
家族みんなの笑顔を見たい
元気だった姿を覚えておいてほしい
みんなをもう一度、喜ばせたい

お空へ昇る日が近いことを悟ったコが　最期に見せる元気な姿
ハッピーのエンジェルタイム　知っていたかった
そしたらもっと、もっと、もっと……
やっぱり知らなくてよかった
タイムリミットをカウントして
きっと苦しんだはずだから……

ひとりぼっちの病室
神様からの優しいお声が聞こえたのかな
「ハッピー、
痛い思いはもう終わりです。
ママが抱っこしてくれた時が
お空へ昇る時間ですよ」

空から注ぐあたたかい光が
起き上がったキミを
包んでくれたのかな
そうやって天使になるために
旅立っていったのかな……

なんだろうね
この切ない気持ち

泣けてきた

雪

朝から淋しいこんな日は　見上げる空も同じ色

「逢いたいなぁ」
小さな声で呟いた

曇り空から　ぽつぽつと
空が泣いてる
心も泣いてる

雨はやがて雪へと変わり
私の頭に、私の肩に、
頬に、伸ばした手のひらに
小さなキミが舞い降りる

「元気出せ！」って言ってるみたいで……

抱きしめたい

キミに似たコの写真を見つけた
着ている毛皮は違うのに
なぜだか不思議と　キミに見えた

許されるなら　一度だけ
「ハッピー」と呼んで抱きしめたい

小さな身体の温もりは　キミと同じと思うから
元気なころのキミと同じ　柔らかな匂いがするはずなんだ

そして「ごめんね」と「ありがとう」と
「ありがとう」と「大好きだよ」を伝えたい

見えないキミに語りながら
今日は泣いてもいい日にしよう……

キミの呼ぶ声

私を呼ぶ声
おねだりの声
おはようの声も

いつもキミのその声が　私の背中を追いかけた

青く澄んだキミの瞳が
振り向く私を見つめてた

探したよ、と言うように
「にゃ〜〜〜」と優しく囁くキミ

キミはどうしてそんなにかわいいの？

私の元に舞い降りた
天使そのものだったキミ

その声を聴きたくて
動画を再生するけれど
やっぱりまだ、つらいんだ

動く姿を、呼ぶ声を、
観たら涙が溢れてく

キミの呼ぶ声が

画面越しにしか
聴こえてこないから……

もう少し
時間が必要かな

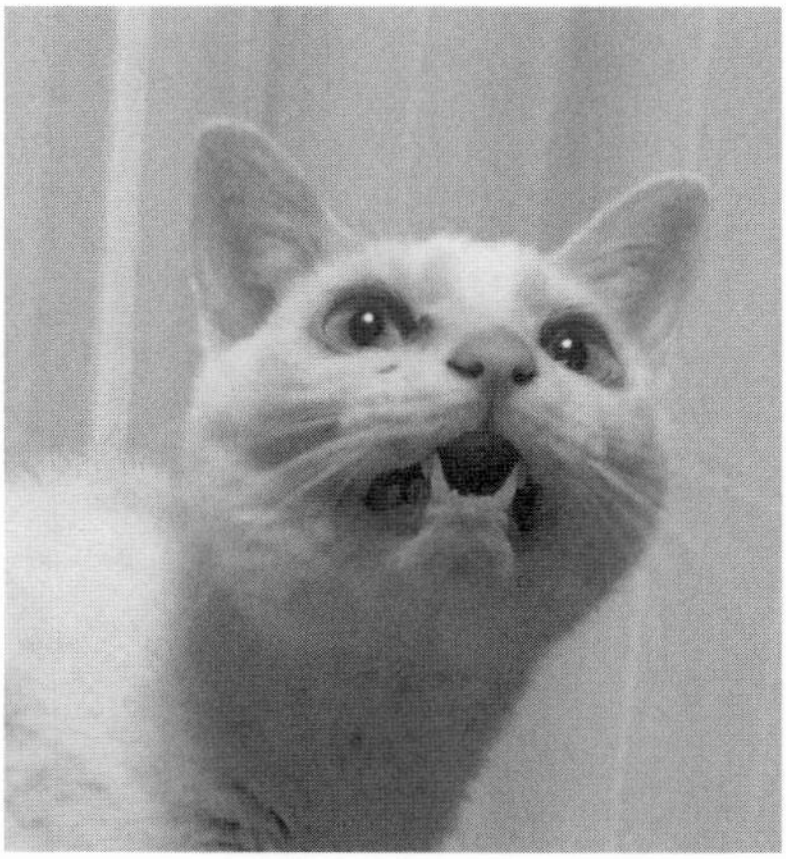

お気に入り

玉子パックを開ける音を聴きつけて
どこからともなく駆け寄るキミ

パックを開けた時に出る　ピリピリ部分
これがお気に入りだった

しゃもじみたいな小さなおてて
ちょいちょいしたり、落としてみたり

それから猫じゃらしと化し
私を至福の時間へと誘《いざな》う

口を切らぬよう慎重に動かす
咥えたら動きを止め、放したらまた動かす

その動きに瞳は輝き　ヒゲはピーーン
玉子パックを開けるたびに想い出す
どこからともなく駆け寄るキミを
目を輝かせて遊んだキミを

魔法の手

その小さなキミの手が触れるたび
私の心はときめいて
癒されていた

白い小さな手は
私の心を掴んで離さない

フミフミした手
捕まえる手
しゃもじみたいな手

キミの小さな小さなその手に私は
いつもいつも救われた

淋しい時も、不安な夜も
その手に支えられていた
最期の瞬間のキミの手の温もりは
今も私の心を温めている

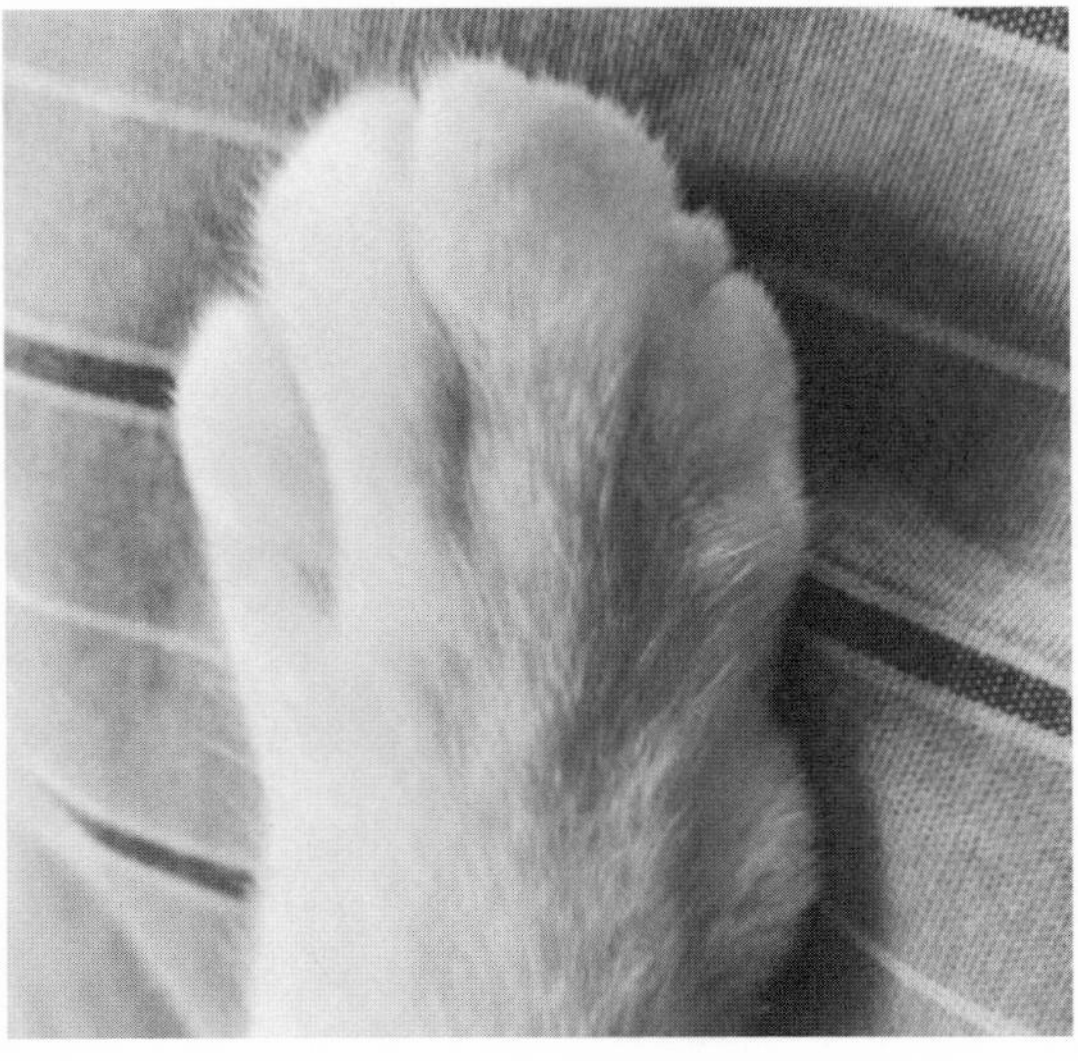

お茶タイム

夕刻の始まり
お茶タイム

ホッとひと息つく時間

寝ていたキミが起きてきて
ヒョイと膝に飛び乗った

おやつが気になる様子です
視線釘付け、手をのばす

お茶タイムは
キミと私の大事な時間

私の心を癒す時間
膝の重さを感じながら
キミと過ごしたお茶タイム
キミの温もり想い出し
今は一人でお茶タイム
コーヒーの香りが
あの頃の幸せを
想い出させてくれるのです

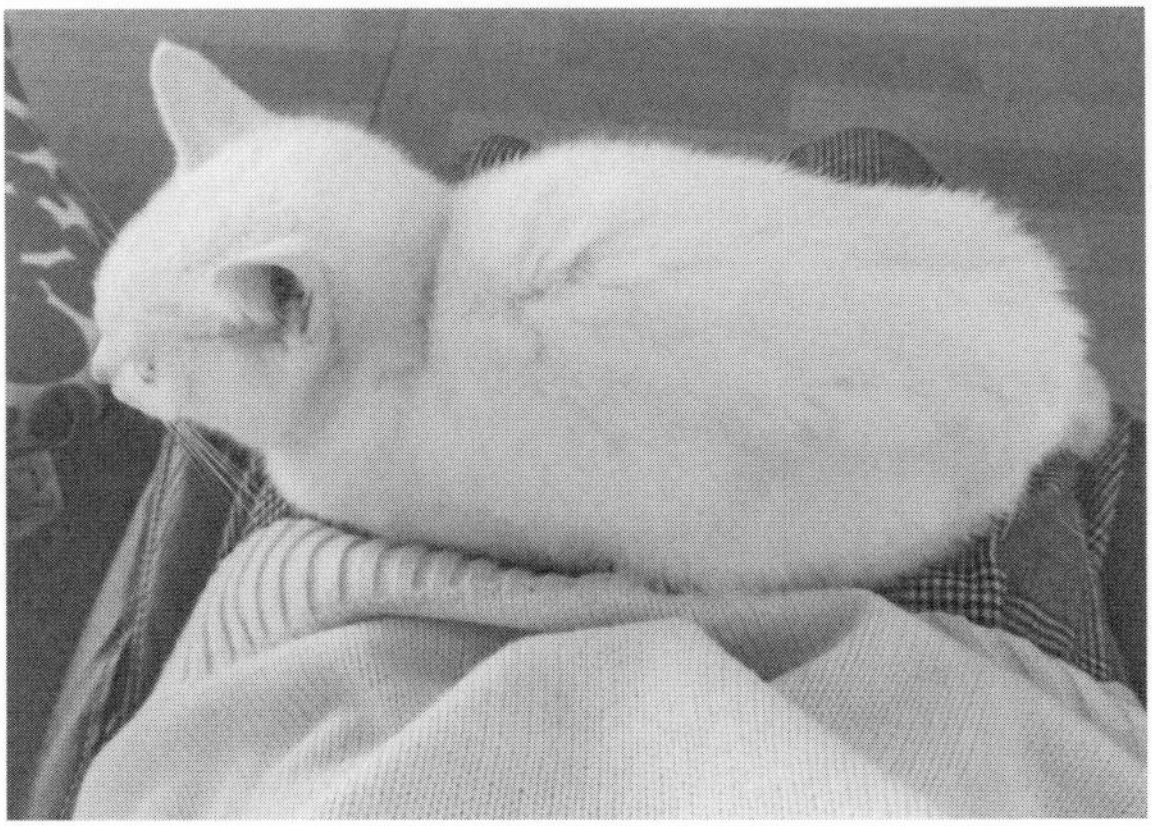

ラベル

モソモソもそもそ　布団が動く
キミがもぐり込んでる　布団が動く
呼吸のたびに　小さく動く
寝る向き変えて　大きく動く

ニョキ！
手かな？　足かな？　しっぽかな？
白いおててが　こんにちは
起こさぬように　そっと握手

布団の中にいることを
知らせるために　ラベルをのせる

『ハッピーいるにゃ～』

誤って踏まれないために
心ゆくまで眠れるように

あの日、たくさんのお花に囲まれて　永遠の眠りについたキミ
手作りのおもちゃとキミの布団
おやつにご飯にラベルも添えて
お空へ持たせたキミの荷物

ラベルはきっといつの日か
虹の橋で再び逢うときの
目印になるはずだから

甘えん坊さん

キミはいつでも甘えん坊

私の膝に乗るとすぐ
小さな両手でちょいちょいと
私の左手引き寄せて
指をちゅっちゅと吸っていた

おてってはフミフミ
お口はちゅっちゅ
そのうち眠りについたキミ

手を退けようと動かすと
慌ててちゅっちゅが再始動

キミが安心できるなら　この左手は、キミの好きにしていいよ

キミの名を呼ぶ

ハッピー、おいで！

「ハッピー」とキミの名を呼んでいたけれど
名前だけではないと気がついた

「ハッピー」と名前を呼ぶたびに
「幸せ」が駆け足でやってきた
ハッピーが飛び乗るたびに　「幸せ」の重みをこの膝で感じてた

「キミが」幸せになぁれと付けた名前

「私が」幸せになっていた
「私に」たくさんの幸せを運んできてくれた

溢れる幸せ　ありがとう

記憶の旅路

キミと過ごした〝時間〟へ旅に出る
少しずつ、ゆっくりと
「懐かしさ」へと変わりゆく中
写真を眺めて旅に出る

楽しかったあの時間
かわいい仕草のあの時間
抱きしめていたあの時間
心がほんのり温かくなる

けれど気がつくと
悲しい気持ちに辿り着く
その時はもう、旅を終えて
「今」に帰ってきた瞬間

私だけが帰ってきたんだね
またキミに逢いたいから旅に出るよ
次はもう少し長く、
キミとの時間を愉しみたいな

瞳のレンズに写るキミ

その愛しい姿を撮りたくて
まばたきするたび切るシャッター

歩くキミ
ゴロリとするキミ
遊ぶキミ

お昼寝するキミ
イケメンのキミ

その一瞬を逃さぬように
何度も夢中で切るシャッター

その瞳も
そのヒゲも

おてても
しっぽも　フィルムに収め
キミと私
フォトムービーが出来上がる
いつの日か
セピア色へと移りゆくけど
どうかお願い
消えないで
今日もまた、
瞳の奥のスクリーン
一人静かに眼を閉じて
フォトムービーを観る私

爪痕

よくここに登っていたね
二階の腰壁、幅十五センチ

こんな危ないところでキミは　よくお昼寝していたね

猫って、なんでこんなにチャレンジャーなんだ?と
思わせてくれたキミ

私に例えるなら……
高さ十メートルの塀の上を歩いて　ゴミ捨てに行くようなもんだよね

洗濯干す時、しまう時
そこに座って　終わるのを待っていてくれた

平気で足を投げ出すキミに　ハラハラドキドキ止まらない

この高さから落ちたことがあったから
落ちる瞬間に爪を出し
引っ掛けようとしたんだね
あの時は本当に心配したよ

それでもキミはめげずに登った
何度でも、何度でも

そっと撫でる指先に
伝わるキミの爪の痕

キミはあの日まで
確かにこの場に生きていた

こんなところにも
キミの生きた証が残ってる

お鍋の季節

お鍋を見ると思い出す
手術前日
洗ったお鍋をクンクンクン

食事制限してたから
ずっと空腹だったよね

食器棚の上の扉は　粉末フードの隠し場所
「もっとちょうだい」と
入院前におねだりしてたね

巡り来る、お鍋の季節
キミがクンクンしていたお鍋

季節は巡っても
キミだけがそこにはいない
キミとの小さな想い出は
今でもゆっくり降り積もる

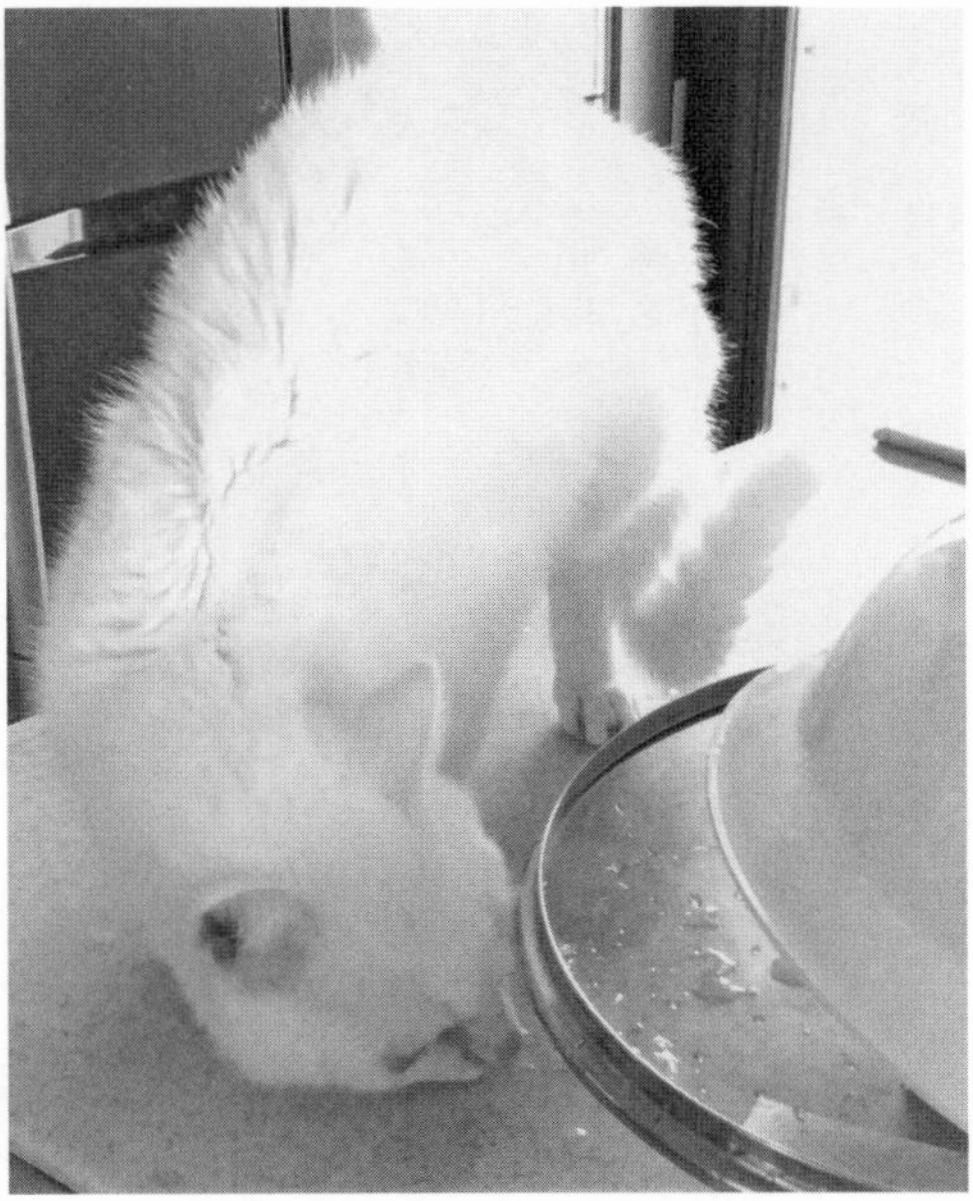

小さなキミ

キミは黙って私を見つめ
ゆっくりとゆっくりと
瞬きをした

私もゆっくり
瞬きのお返事

「だっこして」
キミはそう呟いた

「いいよ、おいで」
キミに手をさし伸べた

ちょん……と触れたキミの手は

ほんのり温かくてやわらかで
フワフワで小さかった

小さなキミは
腕の中で眠りについた

ゆっくりおやすみ
安心しておやすみ
目が覚めるまで
抱っこしているからね

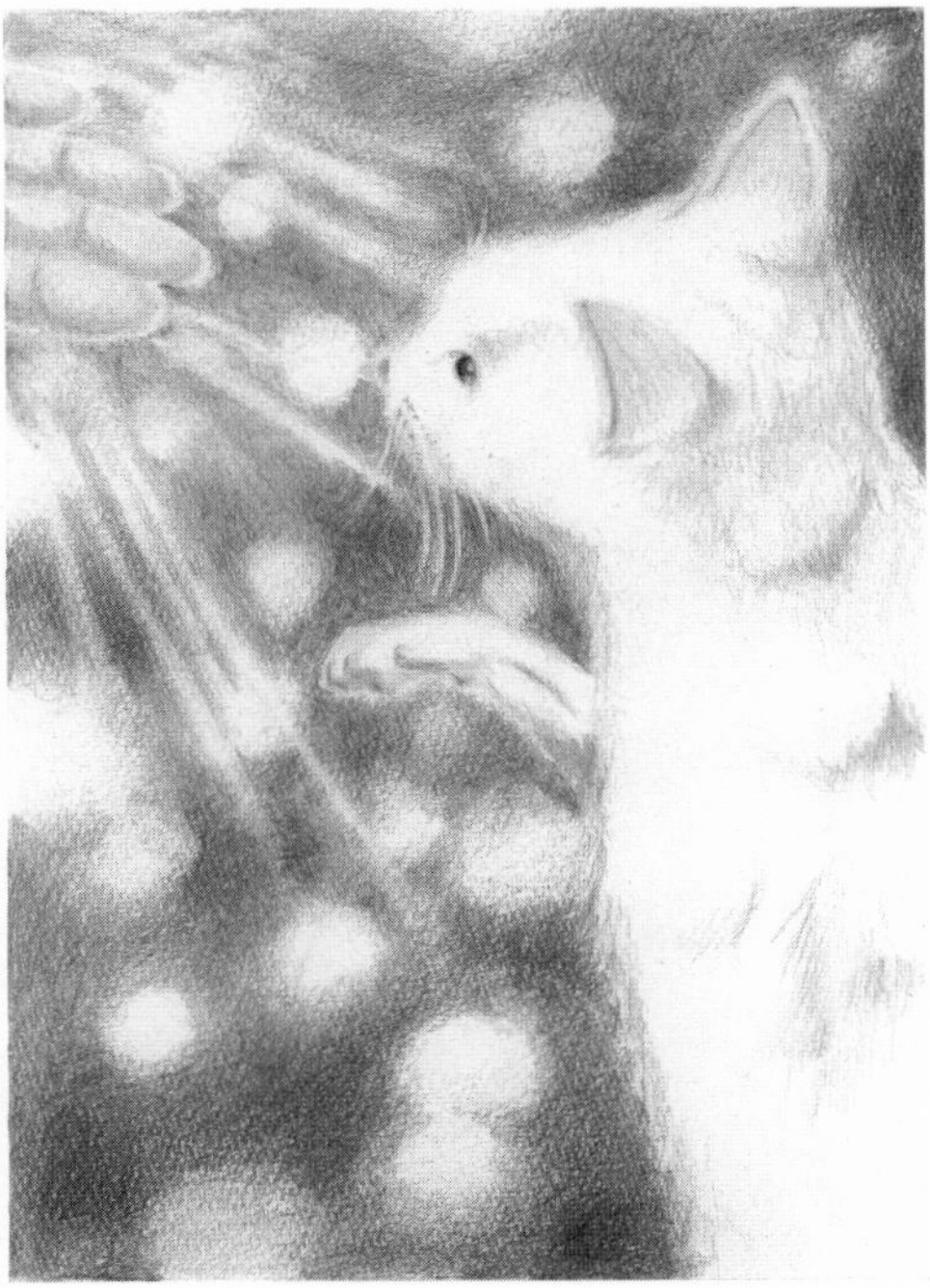

もう一度、一緒に

丘の上で空を見上げた
澄み渡る青い空
キミの瞳と同じ色

本当の天使になってしまったハッピーへ

もしも再び猫として
衣を着替えて生まれてくる日があるのなら
次こそは元気な身体で生まれておいで
まだキミの知らない楽しいことやおいしいご飯
まだ見ぬワクワクするおもちゃを
知ってほしいんだ

今世ではいっぱい頑張ったから

神様だって許してくださるはずだよ
そしてまた
私を選んで来てほしい
そうしたら
途切れた時間の続きをしよう
今度はキミが
幸せになる番だからね
風が頬を撫で髪をゆらす
見つめた先で天使のキミが
笑っているように見えた

誕生日

桜の頃に生まれたキミ

小さな小さなキミに
とてもとても逢いたくなった

生まれたばかりのキミは
どんなに小さかっただろう

開いたばかりのおめめには
どんな景色が写ったんだろう

出会ったことのないキミに逢いたくて
想像しながら　描いてみた

まんまるのお顔　ちょこんとお耳
ほわほわ綿菓子みたいな毛

よちよち歩きのキミは
きっと、絶対、可愛かったんだろうなぁ

季節は巡り四月になると
お空の上で、また一つ大きくなるね

四月二十二日は誕生日
私が決めたキミの新しい誕生日

おめでとう！　ハッピー

生まれてきてくれて
ありがとう

今日もここで

「いってきます」も
「ただいま」も
いつもそばで言えてたあの頃

玄関に来て見送る姿は今はもう
想い出に変わった

そこに姿はないけれど
いつも声をかけてるよ

「ハッピー！　いってきます」

返事はないけど聞こえるよ
「いってらっしゃい」の「にゃー」の声

今も玄関ではきっと
ゴロリとお腹を見せてるキミが
お出迎えしてくれてるね

だから今日も
いってきます！

そして、
ただいま！

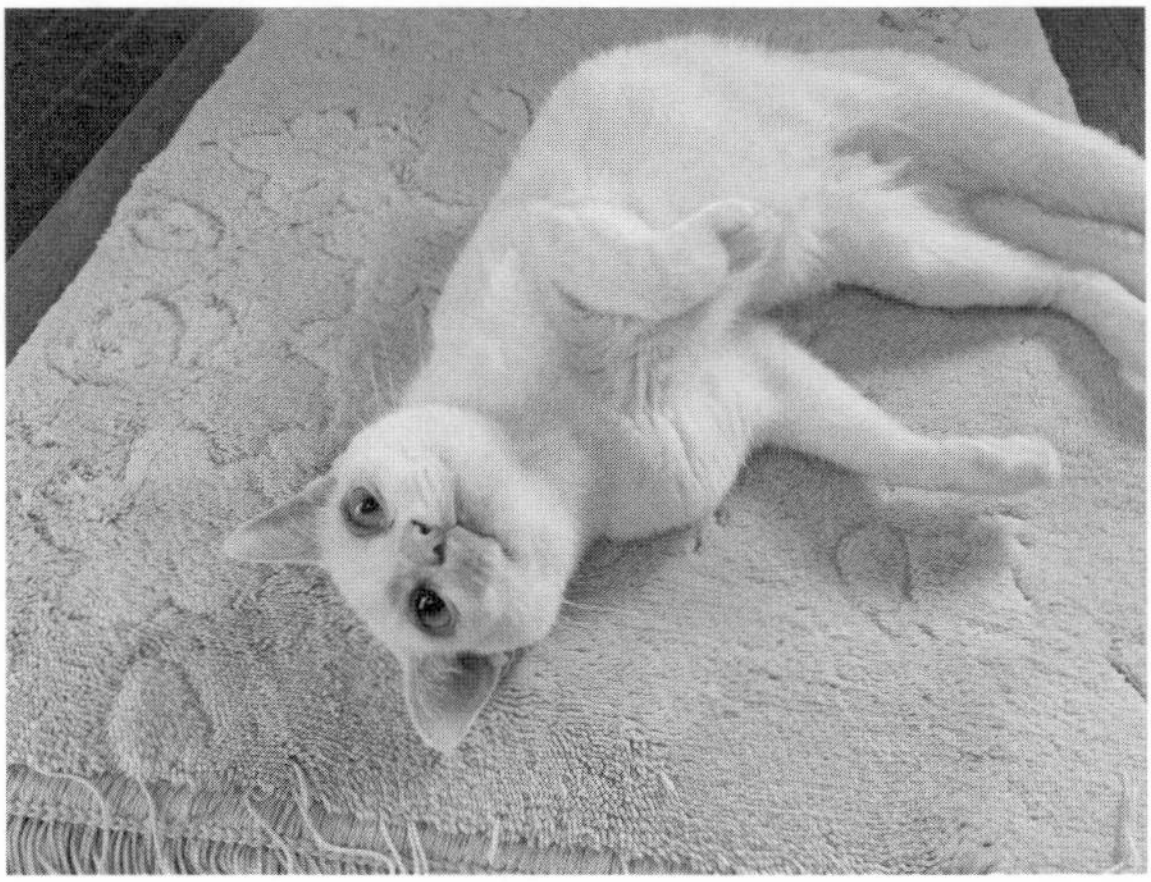

ひとりじゃないよ

いつも空を見ているママを
ボクはちゃんと知ってるよ
だからボクは描くんだ

夕焼け空の桃色は
「ママ大好き」のメッセージ
ママの心が悲しむ時は
雨で悲しみ流してあげる
ママに見ていてほしいから
空に虹を描くんだ

星空眺めるそばにはいつも
寄り添うボクがいるんだよ

だから……
ひとりじゃない

いつも空を見ているママを
空からボクは眺めてる
ママの見つめる瞳の先には
ママを見ているボクがいる
ボクもママのこと
いつも見ているからね

いろいろなボク

風になって頬を撫で
花になって愛を伝える

鳥になって歌をうたい
雲になって姿を見せる

生きてた時はママからの
たくさんの愛をもらっていたよ
ありがとう

だからもう
「もっとしてあげたかった」って
思わなくてもいいんだよ

充分、幸せだったもん
ママと会えるその時まで
お空の上でまた逢う日まで
ちゃんと待っているからね

ボクのママはね

時々ママのこと　ネコかもしれないって思ってた

だって
ボクを見ていてほしい時
いつも見つめてくれていた

ボクがさみしい気持ちの時は
いつも優しく撫でてくれたし
お膝の上で寝かせてくれた

ボクが楽しい時にはいつも
一緒に笑っていてくれた

ボクがプンプン怒っても
ママはちっとも怒らなかった

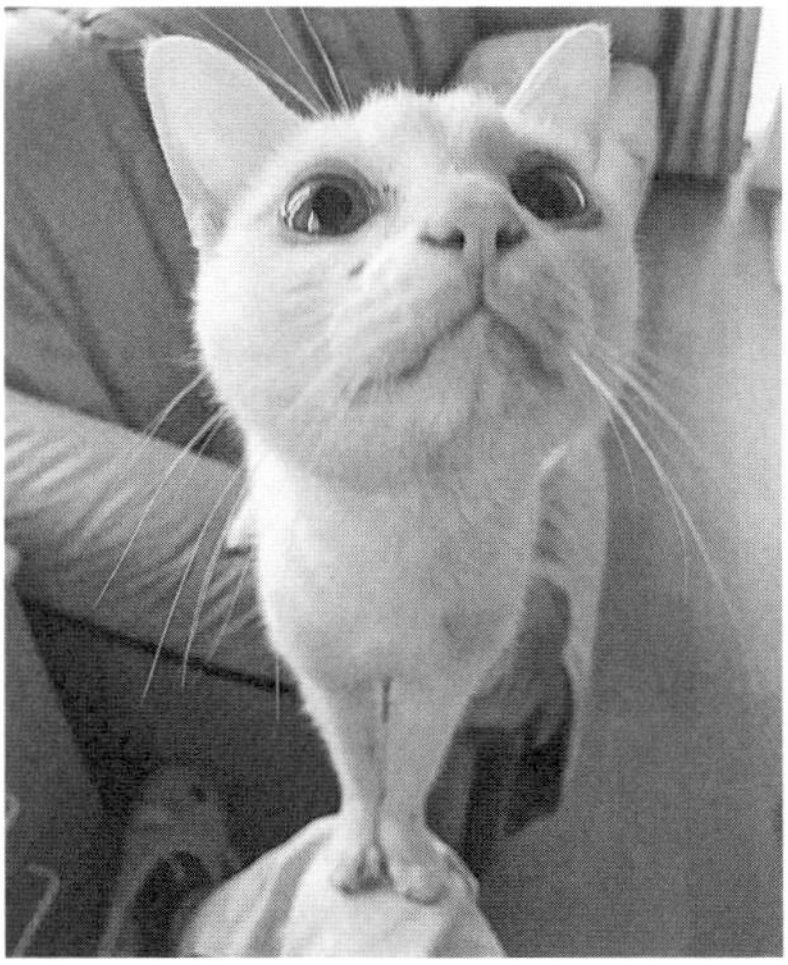

ボクが元気のない時は
いつもそばにいてくれて
優しく撫でるその手はとても
温かくて大好きだった

「ママ」って声かけると
「なぁに?」って返事してくれて
それだけでボクは　幸せだったよ

「ママになれているのかな?」って
時々寂しい目をしてボクに
問いかけていたけれど……

出逢った時からずっとずーっと
〝ボクのママ〟だと思っていたよ
この先もずっと　変わらぬボクの〝ママ〟だから

笑顔の花

お空で暮らすボクたちは
「つらい」「悲しい」はないんだよ

みんなみーんな
「ありがとう」って思ってる

たくさん愛してくれてありがとう
毎日見つめてくれて幸せだったよ
撫でてくれてあたたかだったよ

感謝の気持ちしかないんだもん

だからね
パパやママがどんなに悲しくて　泣いても　後悔しても
「私のところへ来てくれて、ありがとう」

その言葉が一番嬉しいんだ
その言葉が　お空に届くとボクたちは
嬉しくて笑顔になるんだよ

だんだん心がポカポカしてさ

お空いっぱいに
笑顔の花が咲くんだよ

パパがありがとうって言ってくれた
ママがありがとうって言ってくれた

だからボクたちも　パパとママへ

心からの
「ありがとう！　いつまでも大好きだよ」

赤い座布団、白いキミ

柔らかな冬の陽射しが
縁側を越えて和室に届く

陽が当たる赤い座布団
そこに座る白いキミ
紅白でおめでたい

この姿を最期に　座る姿はなくなった

手術をした日から、今日でちょうど一年

キミの代わりに私が座る
あぁ、ポカポカする
こんなにもあったかいんだね

さて……と、
そろそろ立ち上がるかな
キミと出会える未来を見つめて
歩き出さないとね

キミの導く方へ

キミが教えてくれたこと

『命はいつか終わりが訪れる。
だから今を、大切にしてほしい』

人も犬も猫も
この世を生きる全ての命は
長さは違えど必ず終わりが訪れる

だから
一分一秒を大切に生きなくてはいけない
「今日やることは、今日のうちに」
明日でも、
来週でも、
来年でもなく
「生きている　今　やろう」

つい先延ばししたり
自分以外を優先してしまうけれど
「自分を大切にすることが
今を生きることなんだよ」
キミはそう教えてくれた

導く方へ

絶望した日
私の腕の中でキミは旅立ち　全ての色が消えたあの日
それまでの私も……終わった日

「キミがいてくれるなら私の命はいらない」と、毎日神様と交渉もした
けれど叶うことはなかった
あの日のように　陽射しの温もりを感じる冬の日の今日

もう一年が経ったんだね

あのつらく苦しかった日は
全ての終わりではなく、始まりだった

泣き暮れる私にキミは
自分の代わりに多くの人を繋いでくれた

私らしくいられるように
キミが導いてくれている

全てはキミが目の前に現れた瞬間
今に通じる道が繋がった
色々なことにチャレンジする私へと変化した
キミはそれを望んでいたんだね

ハッピー、この先キミは私に何を望む?
次に何を見せてくれる?
私をどこへ導く?

私はキミの望む未来へと
笑いながら泣きながら
時に歩みを止めるけど
ゆっくりでも前に進むから
これからも応援していてね

想い出記念日

キミがお空へいった日を「想い出記念日」と名前をつけた
キミに届け……と花を飾る
あの頃の私は　ずっと泣いてた
今の私はもう　泣いてはいない
キミに感謝してるんだ
背中を押してくれるから
今日までめげずに頑張れた
そして明日も頑張るよ
お膝にのって　聴いててね
キミとの想い出語るから

悲しみを乗り越える前に

深い悲しみに堕ちた時
それを乗り越えなくてはと、もがき苦しむ
笑顔と涙を繰り返し、気づいたことが　ひとつある

悲しみは
「乗り越えよう」とするよりも
「受け入れる」方が先なんだ、と
悲しむ自分を認めて、許して、受け入れて
それから乗り越えていけるんだ、と

無理に笑顔を作るより　泣いていいんだ
その後は　自然な笑顔になれるから
必ず乗り越えられるから！

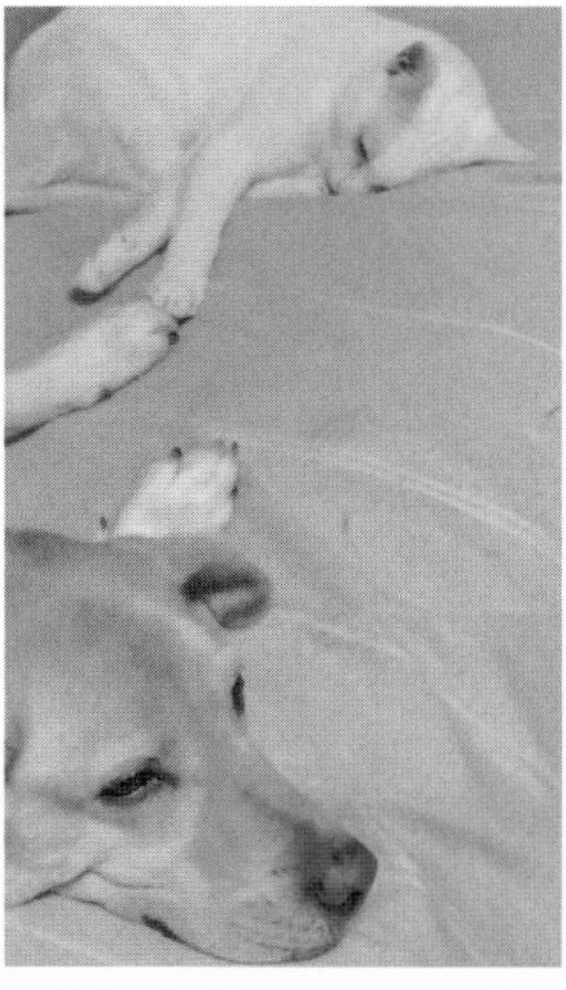

キミからのバトン

キミがこの世に生まれた使命は
『その病で命を落とす仲間《ねこ》を減らすため』
そう仮定したとして……

それにはまず
病を広く周知させ研究が進み
完治可能となることが必要だ

だから使命を果たすために
病の身体を背負って生まれてきた

猫のキミは言葉を話せない

そこで言葉を使う私を探して　目の前に現れた

キミは自らの死をもって
私に書く力を与えてくれた

この力がキミから託されたバトンなら
キミの生きた証を綴っていくよ

キミの命を無駄にすることなく
伝えていくからね

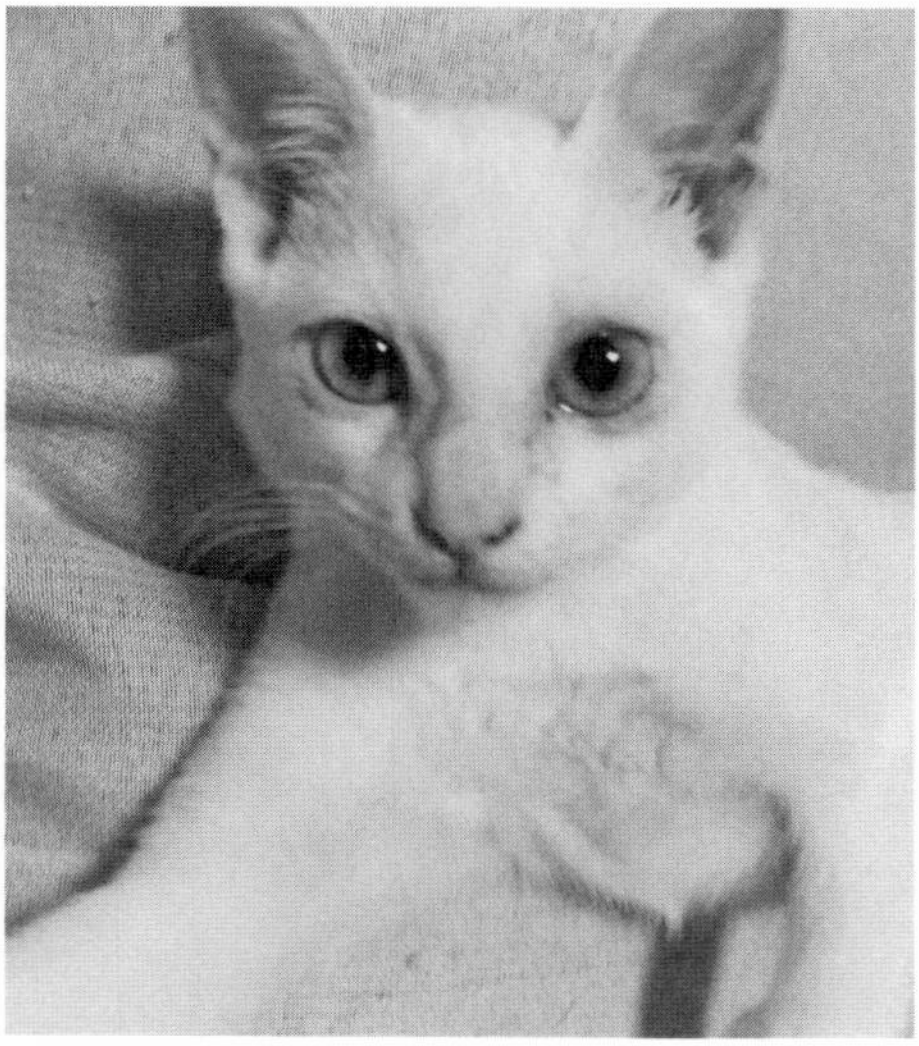

キミがお空で暮らすようになって
もう二年以上が過ぎた。

キミが今、そばにいてくれたなら……と
そう考えてしまう時がある。

そばにいてくれることがどんなに幸せなことか、いなくなってつらいほど感じるんだよ。

『私はいつも愛に飢えた子供だった
満たされたい気持ちは常にあった』

キミはそんな私を満たす〝愛〟そのものだった。

キミの「かわいさ」を発信したくて始めたインスタグラムは、わずか一ヶ月後にはキミの「死」を伝えるページになってしまった。悲しみや苦しみから、やがて幸せだった頃の想い出を綴るページへと変化した。

キミがいなくなってから、フォロワー様が急に増えた。

猫のいない私を、多くの猫の飼い主さまが支えてくれている。全てが過去の写真でも、共に笑い、共に涙してくれる。

初めてキミの誕生日の投稿をした時、キミはとうに空の上。それなのに「おめでとう」のメッセージがたくさん届いた。キミのいるお空の上にも届いたでしょ。

こんなにも温かくて、優しい人々と繋がれたご縁。

これらのご縁はキミが繋いでくれたもの。


ひとりぼっちじゃないよ……と、キミが繋いでくれたもの。


悲しみは時の流れとともに、少しずつ薄らいでいるのがわかる。

それは、忘れたんじゃない。

ひとつ、またひとつと想い出に変えながら心の引き出しに、そっとしまっているからだ。


キミは私に最高の癒しと、心からの悲しみを教えてくれた。キミに出逢わなければ、それさえも気づけなかった。

キミに今、会えない悲しみは消えることはないけれど、たくさんの幸せな気持ちを残してくれた。たくさんの想い出を作ってくれた。さらにかつて描いていた夢を思い出させてくれた。遠い昔、自分の本を出したいと、そんな夢を見ていた高校時代。趣味で小説を書く友達の刺激もあって書き方もわからぬままに、ノートにストーリーを書き込んだ。読んでくれる友達も交えて読み合い、笑いあった放課後。いつか出せたらいいなあ……と、漠然とした夢を抱いてた。やがて仕事に家事に育児にと、時は流れそんな夢などすっかり忘れ去っていた。それをキミは思い出させてくれた。

キミへの想いを綴ることで、同じ悲しみの中にいる人を癒したい。そういう本を書きたいと、強く思うようになっていった。そしてキミは私の背中を押した。思いは行動となり、原稿用紙に向き合う私がそこにいた。不思議なことに、それが本当に叶えられる気がしてた。だから出版の連絡を頂いた時には、夢を叶えるその時がついに来た！と思った。

夢に向かって進むように、導いてくれたのはハッピー、キミなんだよ。キミと出逢わなければ、再び夢を持つことも、叶える喜びも知らずにいた。全てはキミが現れた瞬間に、今に通じる道が繋がったんだね。

私はもう、ひとりぼっちじゃなくなった

目には見えないけれど、
確かにキミはそばにいる

保護してからの三年六ヶ月は
病と闘いあっという間だったけど……

一緒に過ごせた時間は
かけがえのない宝物

とてもとても幸せでした

キミのおかげ

ハッピー
ありがとう

ハッピーは家族の中で特に私に懐き、常に一緒にいました。なので亡くした悲しみは非常に大きく、しばらくは食事も睡眠も取れませんでした。けれどそれを理解してくれる人は、私の周りにはいませんでした。なぜなら、私がそれほどまでに特別な想いでハッピーと暮らしていたということを知らなかったからです。亡くなってひと月経つ頃には、

「まだ悲しんでいるの？」

そう言われました。傍《はた》から見たら「猫」ですが、私にとっては癒され愛せる『かけがえのない存在』でした。

「いつまでも悲しんでいると、ハッピーは心配するよ」

そう言われることで、『泣いてはいけない。悲しんではいけない。早く忘れないといけない。そうしなくては、ハッピーはお空で苦しんでしまう』そう自分を追い込むようになっていきました。けれどもそう考えれば考えるほど、頭と心は上手く連動できませんでした。そしてただ一人ひっそりと泣きながら、ペットロスの出口を見失っていきました。

時を重ねるごとに逢いたい気持ちは募り、やり場のない想いをインスタグラムに投稿するようになりました。

「逢いたい」と呟くと「もう一度逢いたいよね」と、共感してくださるコメントが届きました。「悲しくて涙が出る」と呟けば「泣きたい時は我慢せず泣いていいんだよ」と、温かく寄り添ってくれるコメントを頂きました。心に蓋をしなくてもいいんだと教わりました。

私をフォローしてくださる方の多くは猫と暮らしています。そしてその中には愛猫を看取った方も多くいます。そのコを想いながら悲しみが長年癒えないと話してくださる方が多いことに気がつきました。ペットロスを口にできない方が、私の他にもいることを知りました。

〈口にできない悲しみは、文字にすれば吐き出せる〉

それに気がつき、ハッピーへの愛おしい想いを詩に込めて投稿すると、多くの方が共感してくださいました。投稿し、コメントの返事を書く。そうすることで悲しみを共有し、心は整理されていくのだと身をもって体験しました。

流れる時間の中で見せる笑顔の裏には、悲しみの心を持ち合わせている方が多くいるのです。つらい想いをした人は、涙を流す人に手を差し伸べることができる。悲しみを知る人は、悲しむ人に寄り添うことができる。

ペットロスの深く深い沼に堕ちた私。

人々の温かさによって立ち上がれた私が、今度はあなたへメッセージを贈ります。

⌘悲しみの中にいるあなたへ

愛おしいコとの別れを受け入れることは、容易なことではありませんよね。
ぽっかりと空いた心の穴にふとした拍子に堕ちてしまう。
そんな時は躊躇《ためら》わずに泣きましょう。
悲しむ時間にタイムリミットも
受け入れる日にちに期限もありません
焦らず悲しむ自分を許すことで
少しずつ心が整理されていくのです。
我慢せずしっかり泣くことで
溢れる感情を流していくのです。

お空で暮らす愛おしいコは、あなたの泣く姿を見ても悲しんだりはしない。
だって、泣いた後には自然な笑顔になることを、ちゃんと知っているから。

どんなに遠く離れていたって「幸せだ」と思えた気持ちは変わらない。

一緒に過ごした日々は、心のアルバムに刻まれていて、決して消えることはないのだから。

流れていった涙のしずくは
いつの日かお空で待っている愛おしいコと
再会するための切符になるはずだから……。

そう思って
私は今を
生きています。

最後に
皆さまにとっての
大切な人
大切なねこちゃん
大切なワンちゃん

大切な命が
そばにいるのなら
ギュッと抱きしめてください。

今、そばにいられる「幸せ」を
その両腕で感じてください。

Ha

あとがき

この本を通じて、ハッピーという小さな天使を知っていただけましたことに、心より感謝申し上げます。

ここで先住犬ラブとの関係性について、お話しさせてください。

ハッピーとラブは仲良しとはいえませんでした。〝共存〟という言葉がふさわしく、お互いに適度な距離を保っていました。ただ食べ物を物色する時だけは、なぜか団結していました。そんな間柄でしたが、ラブは気の強いハッピーから理不尽に猫パンチをされても、牙を見せることは一度もありませんでした。そしてハッピーは玄関マットの上で、散歩に出たラブの帰りをいつも待っていました。

我が家で過ごした最後の夜のこと。ソファで寝ていたラブのそばにハッピー自ら初めて近づき、その場に伏せたのです。ラブはハッピーの匂いを嗅ぐと、再び目を閉じました。珍しい姿に急いで撮影した写真は、お互いに歩み寄った〝最初で最後のツーショット〟となりました。これが最後だとわかっていたのかもしれません。翌日に控えた手術でハッピーが家を出たら、もう戻ってこられなくなる——もう死が近いことをお互いに悟っていたのかもしれません。

お互いに近づかずとも、見えない絆で繋がり、聴こえない声で毎日語り合っていたのかな。仲が良くないと思っていたのは、私だけだったのかもしれません。

亡くなった姿で帰宅した時、ラブはハッピーの亡骸に鼻をつけ、別れの挨拶をしました。

ハッピーはたまに、我が家に遊びに来ているようです。そんな時、ラブは一点を見つめ、鼻で気配を探る仕草をします。ハッピーが歩くたびにしていた仕草でした。ラブには見えるんだね、ハッピーの姿が。

ねぇラブ、ハッピーは今、元気にしてる？

今度遊びに来ていたら、私にそっと教えてくれる？

ハッピーの隣に座りたいから……。

著者プロフィール

結絆 ハルカ（ゆうき はるか）

愛知県出身
犬好きな猫派
鉛筆・色鉛筆画は独学

Instagram　@sironeko_happy_dayo

三年六ヶ月の愛

2023年７月15日　初版第１刷発行

著　者　結絆 ハルカ
発行者　瓜谷 綱延
発行所　株式会社文芸社
〒160-0022 東京都新宿区新宿１－10－１
電話 03-5369-3060（代表）
03-5369-2299（販売）

印刷所　図書印刷株式会社

ISBN978-4-286-24281-1